Nutrición Parenteral Neonatal
Guía básica

Nutrición Parenteral Neonatal
Guía básica

María Inguanzo Ortiz

Edición 2016

Copyright © 2016 by María Inguanzo Ortiz

All rights reserved. This book or any portion thereof may not be reproduced or used in any manner whatsoever without the express written permission of the publisher except for the use of brief quotations in a book review or scholarly journal.

First Printing: 2016

ISBN 978-1-365-29650-5

Índice

Introducción..
Capítulo 1: Concepto................................
Capítulo 2: Objetivo................................
Capítulo 3: Tipos...................................
Capítulo 4: Indicaciones............................
Capítulo 5: Vías de acceso..........................
Capítulo 6: Preparación.............................
Capítulo 7: Aportes.................................
Capítulo 8: Nutrición parenteral de inicio..........
Capítulo 9: Monitorización..........................
Capítulo 10: Complicaciones.........................
Capítulo 11: Cuando suspender.......................
Capítulo 12: Prescripción...........................
Apéndice 1: Ejemplo hoja de prescripción
Apéndice 2: Cálculo de la osmolaridad..
Bibliografía..

Introducción

La nutrición parenteral es una técnica de alimentación artificial que emplea la vía endovenosa para aportar los líquidos y nutrientes que el paciente no puede recibir por la vía enteral.

Al nacer, el paso trasplacentario de macro y micronutrientes se ve bruscamente interrumpido haciendo necesario iniciar el aporte enteral de los mismos lo antes posible. Sin embargo, hay situaciones que limitan total o parcialmente el uso de esta vía en el recién nacido como son la prematuridad (inmadurez metabólica y digestiva, escasos depósitos, etc.) o la enfermedad (shock, insuficiencia respiratoria, necesidad de ventilación mecánica, etc.)

Existe una creciente evidencia acerca de la importancia de una correcta alimentación en el periodo neonatal no sólo para asegurar un correcto crecimiento sino también para optimizar un adecuado neurodesarollo. Cada vez hay más estudios que demuestran que una nutrición inadecuada o insuficiente genera una serie de consecuencias negativas que afecta directamente a la morbilidad y mortalidad neonatal.

Esta guía básica pretende ser una herramienta práctica para ayudar y agilizar el trabajo de aquellos profesionales implicados en la atención del recién nacido que precisa nurición parenteral.

Capítulo 1: Concepto

La nutrición parenteral (NP) consiste en la administración endovenosa de los líquidos y nutrientes necesarios para mantener el equilibrio hidroelectolítico, asegurar el metabolismo proteico y garantizar un aporte adecuado de calorías, vitaminas y oligoelementos necesarios para el crecimiento y desarrollo. Esta técnica de nutrición artificial se emplea para prevenir o tratar una desnutrición calórico-proteica cuando la vía digestiva es imposible o insuficiente.

Capítulo 2: Objetivo

Aportar energía y nutrientes para permitir un crecimiento adecuado y evitar la desnutrición y sus consecuencias (reduciendo así la morbilidad y la mortalidad). En el recién nacido prematuro (RNPT) debe iniciarse lo antes posible tras el nacimiento.

Entendemos por crecimiento adecuado:
- Aumento de peso: 10-20 g/kg/día en recién nacido a término (RNT) y 15-20 g/kg/día en el RNPT.
- Aumento de longitud: 1 cm/semana.
- Aumento del perímetro craneal: 0,5-1 cm/semana.

Capítulo 3: Tipos

Podemos clasificar la NP en 2 tipos:

- Nutrición parenteral **total** (NPT): la NP es la única fuente de nutrientes. Para realizar una NP total es necesario que se disponga de una vía central.

- Nutricion parenteral **parcial**: En este caso la NP es un complemento a la nutrición enteral. Puede hacerse por vía periférica.

Capítulo 4: Indicaciones

Indicaciones **desde el momento de nacimiento** (fundamental para evitar el catabolismo en las primeras horas de vida y asegurar una nutrición adecuada):

- RNPT **< 31 semanas** de edad gestacional.
- Recién nacido de muy bajo peso **(< 1500 g).**

Siempre que:

- RN que requiere o se prevé ayuno **> 48-72 horas** (isquemia intestinal, enterocolitis necrotizante, malabsorción intestinal, íleo, obstrucción, postoperatorio digestivo, etc.)
- RN que no tolere por vía enteral más del 50% de sus necesidades calóricas objetivo.

Capítulo 5: Vías de acceso

La nutrición parenteral se administra por vía venosa. El acceso puede ser central o periférico. La elección del mismo dependerá del motivo de prescripción de la NP, los aportes requeridos, la duración prevista de la misma, la disponibilidad de las vías venosas y la experiencia del personal médico y de enfermería.

Acceso venoso periférico

- Es una solución temporal (<1-2 semanas).
- Osmolaridad máxima tolerada por la vía periférica: 600-800 mOsm/l (por riesgo de flebitis y extravasaciones) limitando el aporte calórico a 0.66 kcal/ml para una dieta equilibrada. Por lo tanto, no puede realizarse una NPT por vía periférica.
- Sirve para NP parcial y/o de corta duración (implica que el estado nutricional está conservado y se emplearía como complemento a la nutrición enteral). Para una NP completa es precisa una vía venosa central.
- Indicaciones: prevenir deficiencias, complementar nutrición enteral insuficiente, cuando no se tiene acceso a una vía central o tras retirar una vía central infectada en espera de una nueva canalización.

Acceso venoso central umbilical

- Catéter de corta duración.
- Preferible retirar antes del día 14 (a partir de ahí aumenta el riesgo de complicaciones infecciosas y trombóticas).
- Permite osmolaridades elevadas (1300-1500 mOsm/l) con menor riesgo de lesión venosa.
- Más complicaciones y más graves que las vías periféricas y aumenta la incidencia de sepsis por catéter.
- La administración profiláctica de antibióticos no ha demostrado ser eficaz para prevenir la infección y no está indicada.

Acceso venoso central de inserción periférica (epicutáneo)

- Son catéteres centrales que se insertan por vías periféricas (cefálica, basílica, axilar, etc.)
- Permiten realizar una NPT con osmolaridades elevadas, así como extracciones sanguíneas e incluso medidción de la presión venosa central.
- Es considerada la vía de elección para NP en el paciente neonatal.
- Se puede mantener todo el tiempo necesario siempre y cuando no surjan complicaciones.
- Si aparecen complicaciones no infecciosas puede recambiarse sobre guía utilizando la técnica de Seldinger.

Otras

- Vía femoral, yugular, subclavia, etc. Son excepcionales en el periodo neonatal.

Capítulo 6: Preparación

- En este punto es necesario revisar el protocolo del servicio de Farmacia Hospitalaria correspondiente.
- La NP se ha de preparar en condiciones de **asepsia estricta** en **campana** y con **filtro**.
- Se ha de mantener un orden estricto de adición de los componentes:
  - Glucosa.
  - Aminoácidos.
  - Sodio.
  - Potasio.
  - Fósforo.
  - Magnesio.
  - Calcio[1].
  - Oligoelementos.
  - Lípidos.
  - Vitaminas[2].
- Ejercer presión sobre la bolsa para quitar el aire interior.
- Homegeneizar la NP mediante doble inversión para evitar fenómenos de floculación.
- Realizar una inspección visual durante toda la elaboración para

---

[1] Agitar suavemente tras la adición de cada electrolito para garantizar una adecuada homogenización de los mismos.

[2] Se debe de tener en cuenta el aporte de lípidos de las vitaminas liposolubles (contienen 0,1 g/ml de lípidos).

detectar signos de precipitación, partículas de gran tamaño, y/o rotura de la emulsión.

- Utilizar jeringas individuales para cada componente.

- Se recomiendan las mezclas ternarias (aminoácidos, hidratos de carbono y lípidos en una sola mezcla) aunque no existen diferencias significativas con las binarias (lípidos administrados aparte).

- La heparina no ha demostrado efectos beneficiosos claros y no se recomienda su uso rutinario ya que puede desestabilizar la emulsión al administrarse junto con lípidos y calcio.

Capítulo 7: Aportes

La NP es una solución que contiene proteínas, hidratos de carbono, lípidos, electrolitos, minerales, vitaminas y oligoelementos.

Aporte energético

- El requerimiento energético de un RNPT es mayor que el de un niño mayor o adulto (más a menor edad gestacional).

- Idealmente se calcula mediante el cálculo del gasto energético en reposo (GER) corregido con un factor que incluye el grado de estrés y de actividad, aunque existen tablas simplificadas.

- Los requerimientos aumentan en situaciones clínicas de estrés, gravedad, así como en enfermedades cardiacas o pulmonares graves.

- Los requerimientos calóricos parenterales varían según la edad: RNPT: 110-150 kcal/kg/día, 0-1 año: 90-100 kcal/kg/día, 1-7 años: 75-90 kcal/kg/dia, 7-12 años: 60-75 kcal/kg/dia, 12-18 años: 30-60 kcal/kg/dia.

- Las recomendaciones neonatales proponen **iniciar** la NP con un aporte de **60 kcal/kg/dia**, y aumentar progresivavemente hasta un **máximo** de **110 kcal/kg/dia** que suele alcanzarse el cuarto o quinto día de NP.

Aporte proteico

- En forma de soluciones de **L-aminoácidos**.
- Aportan 4 kcal por cada gramo (1 g = 4 kcal = 7.5-11 mOsm).
- Suponen el 10-15% del aporte calórico total.
- Los RNPT precisan un alto aporte de aminoácidos (para mantener el elevado aporte transplacentario).
- Objetivos: disminuir catabolismo proteico, promover anabolismo, minimizar la excesiva pérdida ponderal de estos pacientes, disminuir duración de la NP, estimulo de la producción endógena de insulina evitando hipoglucemia neonatal y estimular el crecimiento.
- La fórmula de aminoácidos en los RNPT debe contener cisteina, tirosina y taurina.

- Soluciones más empleadas (mezcla adecuada aminoácidos esenciales y no esenciales): Primene 10%® y **Aminoven infant 10%®**.

- Necesidades amminoácidos RNPT:

    - Inicio: 2.5 g/kg/día[3] (1º día de vida).
    - Aumento: 0.5 g/kg/día.
    - Máximo: 4 g/kg/día (RNT máximo 3 g/kg/día).

---

[3] Se puede iniciar con 0.5-1 g/kg/día, pero actualmente se recomienda iniciar con 2.5 g/kg/día.

- En el niño:
  - Inicio: 1.5-2 g/kg/día.
  - Aumento: 0.5 g/kg/día.
  - Máximo: 2.5 g/kg/día.

- Monitorizacion: gasometría venosa, urea, amonio (NH^{4+}).
- Tener en cuenta la restricción proteica en los casos de fallo hepático y/o renal.

- Importante: Se debe mantener una relación entre gramos de nitrógeno y kcal no proteicas de 1/150-200[4]. Según el grado de estrés la relación puede ser menor (estrés leve 1/150-130, estrés moderado 1/130-110, estrés severo 1/110-80).

Aporte de hidratos de carbono

- En forma de **D-glucosa** (dextrosa).
- Aportan 4 kcal por cada gramo de glucosa (1 g = 4 kcal = 5.5 mOsm).
- Suponen el 50-60% del total del aporte calórico (60-75% del aporte calórico no proteico).

---

[4] 1 g de N = 1 g de aminoácidosis/6.25.

- Requerimientos glucosa:

	Dosis inicial mg/kg/min g/kg/dia	Dosis máxima mg/kg/min g/kg/dia
RNPT	4-8	11-12
	6-12	16-18
RNT	5-7	11-12
	7-10	16-18

- Necesidades hidratos de carbono:

  - Inicio: 6-8 g/kg/día (= 5-6 mg/kg/min).
  - Aumento: 1-2 g/kg/día.
  - Mantenimiento: 8-12 g/kg/día.
  - Máximo: 16-18 g/kg/día (= 11-12 mg/kg/min). Más cantidades aumentan el riesgo de lipogénesis, infiltración grasa del hígado, colestasis, producción de CO_2 y retención de líquidos.

- Monitorizar: glucemia y glucosuria, sobre todo al inicio de la NP. En situaciones de estrés o empleo de corticodes, el exceso de hidratos puede producir hiperglucemia, hiperosmolaridad y diuresis osmótica.

Aporte lipídico

- En forma de **ácidos grasos** esenciales (linoleico y linolénico) y no esenciales.
- Aportan 9-10 kcal por cada gramo (1 g = 9 kcal = 3 mOsm), lo que supone elevada densidad calórica con poca osmolaridad.
- Suponen el 30-40% del aporte calórico total (25-40% del aporte calórico no proteico).
- Son fundamentales para el desarrollo cerebral.

- Han de inciarse en las primeras 72 horas, idealmente el 1º día para evitar el déficit de ácidos grasos esenciales. (En RNPT se inician el primer día de vida, en el resto de edades se inician el segundo o tercer día de NP).

- Deben administrarse en forma de emulsiones al 20% (relación fosfolípidos/ triglicéridos adecuada con menor contenido de los primeros, para evitar elevación lípidos en plasma).

- Son mezclas de MCT/LCT (50%) o lípidos basados en aceite de oliva.
- Se deben proteger de la luz para evitar producción de radicales libres.
- Pueden administrarse mezclados con el resto de componentes de la NP o bien administrarse por separado en Y.

- Tipo emulsiones pediatría:

    - Intralipid 20% (aceite de soja, lecitina de huevo).
    - **Lipofundina 20% (mezcla 50% LCT y 50%MCT).**
    - Clinoleic 20% (80% aceite de oliva y 20% aceite de soja).

- Necesidades lípidos:
    - Inicio: 0.5-1 g/kg/día.
    - Aumento diario: 0.5 g/kg/día.
    - Máximo: 3-4 g/kg/día (niños máximo 3 g/kg/día).
    - Ritmo: menor o igual a 0.13-0.17 g/kg/h.

- Reducir a 0.5-1 g/kg/día en casos de: hiperbilirrubinemia grave, trombopenia, sepsis, coagulopatía, insuficiencia hepática y/o respiratoria, colestasis por NP.

- Monitorización: Triglicéridos (TG), objetivo< 250 mg/dL.

- Especial cuidado en los casos de hiperbilirrubinemia porque los ácidos grasos libres compiten con la bilirrubina (BR) para unirse a la albúmina, por lo que recomienda hacer controles más frecuentes tanto de BR como de TG.

- Se recomienda reducir o incluso suspender los lípidos en casos de sepsis, disfunción hepática o colestasis.

Aporte de agua y electrolitos

- Necesiades de líquidos:

Líquidos (ml/kg/día)	1-5 días de vida	5-15 día de vida	15 días de vida
RNT	60-120	140	140-170
RNPT > 1500 gr	60-80	140-160	140-160
RNPT < 1500 gr	80-90	140-180	140-180

- El ritmo habitual de prescripción de líquidos sería:

  - Inicio: 60 ml/kg/día.
  - Aumento: 10 ml/kg/día.
  - Máximo 140-170 ml/kg/día.

- Requerimiento de sodio (Na):

Na (mEq/kg/dia)	1-5 días de vida[5]	5-15 días de vida	15 días de vida
RNT	0-3	2-5	2-3
RNPT > 1500 gr	0-3	3-5	3-5
RNPT < 1500 gr	0-3	2-3	3-5

---

[5] Primeros 2 días de vida no se pauta Na en la NP (hasta que se produce la natriuresis postnatal).

- Requerimientos de potasio (K):

K (mEq/kg/día)	1-5 días de vida[6]	5-15 días de vida	15 días de vida
RNT	0-2	1-3	1.5-3
RNPT > 1500 gr	0-2	1-3	2-5
RNPT < 1500 gr	0-2	1-2	2-5

- Aportes minerales calcio, fósforo y magnesio:

Minerales	RNPT	RNT	< 1 año
Ca (mEq)	2-4.5	2-3	0.5-1
P (mmol)	1.3-2.2	1-1.5	0.3-1
Mg (mEq)	0.25-0.6	0.25-0-5	0.25-0.5

- Ca[7] y Mg se expresan en mEq. El P se expresa en mmol porque los mEq dependerán del pH de la muestra.
- La precipitación de fosfato cálcico es uno de los principales problemas de compatibilidad de las soluciones de NP. Se recomienda una relación molar Ca/P 1.1-1.3/1 M.

---

[6] Primeros 2 días de vida no se pauta K en la NP.
[7] 1 mmol de Ca = 2 mEq de Ca.

Aporte de oligoelementos

- Las necesidades diarias de oligoelementos son las siguientes:

Elemento	RNPT (mcg/kg/día)	RNT-1 año (mcg/kg/día)	> 1 año (mcg/kg/día)
Fe	100	100	1 mg/día
Zn	400	250 (< 3 meses) 100 (>3meses)	50 (máx 500 mcg/día)
Cu	20	20	20 (máx 300 mcg/día)
Se	2	2	2 (máx 30 mcg/día)
Cr	0.2	0.2	0.2 (máx 5 mcg/día)
Mn	1	1	1 (máx 50 mcg/día)
Mo	0.25	0.25	0.25 (máx 5 mcg/día)
I	1	1	1 (máx 50 mcg/día)

- No se recomiendan las soluciones de oligoelementos empleadas en adultos por su elevado contenido en manganeso, potencialmente tóxico a nivel hepático y neurológico. En caso de colestasis no deben administrarse Cu ni Mn.

- Se recomienda administrar 1 ml/kg/día de la **peditrace 10 mL®** que contiene en 1 mL:

- Zn 250 mcg.
- Cu 20 mcg.
- Mn 1 mcg.
- Se 2 mcg.
- I 1 mcg.
- F 57 mcg.
- No contiene hierro, molibdeno ni cromo (al igual que el resto de preparados pediátricos).

- Observamos que en los RNPT las necesidades de Zn son mayores que en el resto de edades (400 mcg/kg/día). La administración de Zn en RNPT es prioritaria debido al déficit y a sus necesidades aumentadas para el crecimiento. Es posible administrar sólo Zn: **oligo-Zinc® 1000 mcg/mL** (sólo a añadido a peditrace).

- En caso de NP periférica complementaria a una nutrición enteral puede administrarse sólo oligo-Zinc® (sin peditrace®).

Aporte vitamínico

- Las vitaminas se dividen en liposolubles (A, E, K y D) y las hidrosolubles (el resto).
- Necesidades diarias de vitaminas:

Vitamina	RNPT (Dosis/kg/día)	Lactante/ Niño (Dosis/día)
A (UI)	700-1500[8]	1500-2300
E (mg)	3.5	7-10
K (mcg)	8-10	50-200
D (UI)	40-160	400
Ascórbico (mg)	15-25	80-100
Tiamina (mg)	0.35-0.5	1.2
Riboflavina (mg)	0.15-0.2	1.4
Piridoxina (mg)	0.15-0.2	1
Niacina (mg)	4-6.8	17
Pantoténico (mg)	1-2	5
Biotina (mcg)	5-8	20
Folato (mcg)	56	140
B12 (mcg)	0.3	1

- Preparados comerciales:
    - **Vitalipid infantil®** (vitaminas liposolubles): 4 ml/kg/día.
    - **Soluvit®** (vitaminas hidrosolubles): 1,5 ml/kg/día.

---

[8] RNPT con enfermedad pulmonar: 1500-2800 UI.

Carnitina

No existe evidencia de sus beneficios.

Heparina

No se recomienda su uso rutinario en las soluciones de NP ya que no ha demostrado claros beneficios y puede desetabilizar la emulsión al adinistrarse junto con lípidos y calcio.

Capítulo 8: Nutrición parenteral de inicio

En el RNPT es importante iniciar cuanto antes el aporte de macro y micronutrientes, por lo que es recomendable tener disponible preparados que se conocen como nutrición parenteral de inicio o del día 0 para ser administrados el primer día de vida.

Se recomendienda que por cada 100 mL contenga: 6 g de glucosa, 3 g de aminoácidos, 1 g de lípidos y calcio SIN otros iones.

Una de las NP del día 0 más empleada es la siguiente, estandarizada para RNPT de 1500 g de peso:

Volumen total	100 ml (66 ml/kg/día)
Aminoácidos	3,75 g (2,5 g/kg/día)
Lípidos	1,5 g (1 g/kg/día)
Glucosa	9 g (6 g/kg(día)
Peditrace	1,5 ml (1 ml/kg/día)

Modo de prescripción: Si el paciente pesa 1500 gr se administran los 100 ml de mezcla (para 24 horas). Si pesa menos se administrarán aproximadamente 67 ml/kg/día de la mezcla y se desachará el resto.

Capítulo 9: Monitorización

La monitorización es fundamental para regular los aportes y evitar las complicaciones metabólicas.

Los controles recomendados y su frecuencia son:

	Inicial hasta alcanzar objetivos	A continuación
Glucemia y glucosuria	8-12 h	24-72 h
Gasometría venosa	24h	2-3 semanas
Diuresis	24 h	24 horas
Iones	24h	Semanal
Funciones hepática y renal	Semanal	2 semanas
TG y colesterol	Semanal	2 semanas
Hemograma y coagulación	Semanal	2 semanas
Perfil férrico	Semanal	2 semanas
Vitaminas liposolubles	Mensual	2 meses
Zn, Cu	mensual	2 meses
Peso	Diario	Diario
Talla y PC	Semanal	Semanal
Cultivos	Semanal	Semanal

Capítulo 10: Complicaciones

Infecciosas

Una de las compliaciones más importantes tanto por su frecuencia como por su potencial gravedad es la infección y sepsis por catéter. La profilaxis es fundamental y se realiza mediante técnica aséptica estricta[9] tanto de canalización cómo del manejo posterior del catéter. El tratamiento se realizará con antibioterapia empírica[10] (por ejemplo: ceftazidima y teicoplanina) tras extracción de hemocultivos +/- valoración de retirada del catéter.

Las indicaciones de retirada del catéter son: bacteriemia recurrente, infección fúngica documentada, persistencia de fiebre 48 horas después de iniciada antibioterapia, infección polimicrobiana.

Ante una sepsis se recomienda reducir o incluso suspender el aporte de lípidos ya que la actividad de la lipoproteinlipasa disminuye y existe riesgo aumentado de hipertrigliceridemia.

---

[9] Incluído un correcto lavado de manos.
[10] Ajustar antibióticos según antibiograma.

Hematológicas

Trombosis venosa central (desde asintomática hasta tromboembolismo pulmonar). El diagnóstico se fundamenta en la sospecha clínica y se confirma normalmente con ecografía Doppler. El tratamiento habitual será la anticoagulación.

Técnicas

Relacionadas con la inserción del catéter: neumotórax, hemotórax, hemomediastino, hemopericardio, parálisis braquial, quilotórax, perforación vascular, embolia gaseosa.

Mecánicas

Incluyen desplazamiento y/o rotura del catéter (confirmación radiológica, valorar recolocación o retirada del mismo), obstrucción del catéter por precipitados o trombos. Se recomienda lavar con suero fisiológico tras administraciónn de medicación o extracción de muestras para prevenirlo. En caso de obstrucción se puede utilizar uroquinasa, estreptoquinasa o alteplasa. La heparinización sistemática no parece reducir la incidencia de esta complicación.

Cardiacas

Arritmias por malposición punta del catéter (punta del catéter en aurícula derecha).

Metabólicas

Hiperglucemia, hipoglucemia, diselectrolitemias, hipertrigliceridemia (ver subapartado siguiente), sobrealimentación, acidosis metabólica por exceso de aminoácidos o acidosis respiratoria por exceso de hidratos de carbono, enfermedad ósea metabólica.

Actitud ante hipertrigliceridemia en el contexto de NP:

TG	Actitud	Nuevo control TG
< 250 mg/dl	Igual	1-2 semanas
250-300 mg/dl	Disminuir 50%	48 h
300-400 mg/dl	Disminuir 25%	48 h
> 400 mg/dl	Suspender 24-48 h	48 h

Intestinales

Infiltración grasa del hígado, síndrome colestásico, colecistitis, colelitiasis, atrofia intestinal (iniciar nutrición trófica enteral precoz).

Capítulo 11: Cuando suspender

La decisión de suspender la NP ha de ser individualizada. Como referencia, valoraremos la retirada de la misma cuando la alimentación enteral aporte 2/3 de las necesidades energéticas objetivo. Esto normalmente ocurre cuando el aporte enteral es de aproximadamente 100 ml/kg/día.

Una vez suspendida la NP aumentaremos la nutrición enteral a 120-130 ml/kg/día.

Capítulo 12: Prescripción

La prescripción de la NP ha de ser diaria, supervisada y muy cuidadosa ya que errores en la misma afectan directamente a la morbilidad e incluso mortalidad del paciente. Una tabla de prescripción bien diseñada[11] así como la informatización de la misma ayudan a evitarlos.

---

[11] Ver apéndice 1: Ejemplo hoja de prescripción.

Apéndice 1: Ejemplo hoja de prescripción

HOJA DE NUTRICIÓN PARENTERAL NEONATAL
NOMBRE PACIENTE:
NÚMERO HISTORIA:

Días de vida	...	...	...	...	...	↑día	Máximo
Días NP	1	2	3	...	8		
Peso (kg)							
Volumen (ml/kg/día)	60	70	80		130	10	160
Glucosa (g/kg/día)	6	7	8		14	1 – 2	16 - 18
Aminoácidos (g/kg/día)	2,5	3	3,5		4	0,5	4
Lípidos (g/kg/día)	1	1,5	2		4	0,5	4
ClNa (mEq/kg/día)	0	0	3		3		5
ClK (mEq/kg/día)	0	0	2		2		5
Ca (mEq/kg/día)	2	2	2		2		4,5
P (mmol/kg/día)	1,3	1,3	1,3		1,3		2,2
Mg (mEq/kg/día)	0,25	0,25	0,25		0,25		0,6
Vitaminas	sp	sp	sp		sp		
Oligoelementos	sp	sp	sp		sp		
Kcal/kg/día	43	53,5	64		108		
Osmolaridad (mOsm/L)	1146				1102		

Sp: Según pauta

Vitaminas:
- Vitalipid®: 4 ml/kg/día
- Solivit®: 1,5 ml/kg/día

Oligoelementos:
- Peditrace®: 1 ml/kg/día
- OligoZn®: 0,2 ml/kg/día (valorar añadir oligoZn® al peditrace® en RNPT)

Apéndice 2: Cálculo de la osmolaridad

Podemos calcular la osmolaridad de la mezcla que hemos prescrito sabiendo que ésta es igual a la suma de osmoles de cada sustancia aportada divida entre el volumen total de la mezcla

Osmolaridad = (suma de todos los mOsm x 1000)/volumen solución.

Para realizar la suma de los osmoles totales hemos de saber que:

- Glucosa: 5.5 mOsm/g.
- Lípidos: 3 mOsm/g.
- Aminoácidos: 11 mOsm/g.
- Iones monovalentes (Na, K, Cl, P): 1 mOsm/mEq.
- Iones divalentes (Ca, Mg): 2 mOsm/mEq.

Bibliografía

Koletzko B, Goulet O, Hunt J, et al. Organisational aspects of hospital PN. En: Guidelines on pediatric parenteral nutrition of the European Society of Pediatric Gastroenterology, Hepatology and Nutritio (ESPGHAN) and the European Society for Clinical Nutrition and Metabolism (ESPEN); supported by the European Society for Pediatric Research (ESPR): J Pediatr Gastroenterol Nutr 2005; 41: S63-S69

Gomis Muñoz P., Gómez López L., Martínez Costa C., Moreno Villares J. M., Pedrón Giner C., Pérez-Portabella Maristany C. et al. Documento de consenso SENPE/SEGHNP/SEFH sobre nutrición parenteral pediátrica. Nutr. Hosp. [Internet]. 2007 Dic [citado 2016 Jul 31] ; 22(6): 710-719.

Grupo de Nutrición de la SENeo. Nutrición enteral y parenteral en recién nacidos prematuros de muy bajo peso. Ergón. 2014.

Ellard D, Anderso M. Nutrición. En: Cloherty J, Eichenwald E, Hansen A, Stark A. Manual de Neonatología. 7ª edición. Philadelphia; Lippincott Williams & Wilkins; 2012. p. 230-262.

www.ingramcontent.com/pod-product-compliance
Lightning Source LLC
Chambersburg PA
CBHW041114180526
45172CB00001B/243